地下之境

换个角度看世界

［西班牙］艾琳·诺格尔　著　　［西班牙］劳拉·费尔南德斯　绘　　薛淇心　译

电子工业出版社

Publishing House of Electronics Industry

北京·BEIJING

蒙特利尔地下城

位置： 加拿大蒙特利尔

修建目的： 为了抵御冬天的极端低温（有时可能会达到-20℃！）

奇妙之处： 它是世界上最大的地下综合体，拥有超过30千米的通道，我们几乎可以在这里找到一切：酒店、银行、餐馆、办公室、画廊、商店、火车站、地铁站、电影院、迪斯科舞厅，甚至图书馆。市中心12%的贸易都在此进行。2004年之前，这里一直被称为地下城；2004年之后，它被命名为el RESO（蒙特利尔地下城）（来自法语单词réseau，意思是"网状系统"）。

艺术（地下艺术）

在一年一度的"地下艺术节"期间，蒙特利尔地下城会展出许多艺术作品。在这个每人都可以参观的地下画廊里，每走一步就能发现一处艺术展览。

入口

蒙特利尔地下城连接着居民公寓、商业建筑与公共交通。人们可以在这里度过一天甚至几天，而无须到地上！此外，通过外部的120个入口，人们很容易就能进入地下城内部。

版权贸易合同登记号 图字：01-2022-2357

图书在版编目（CIP）数据

地下之境：换个角度看世界 / （西）艾琳·诺格尔著 ；（西）劳拉·费尔南德斯绘 ；薛淇心译. -- 北京：
电子工业出版社, 2023.3

ISBN 978-7-121-44947-5

Ⅰ . ①地… Ⅱ . ①艾… ②劳… ③薛… Ⅲ . ①地下建筑物 - 世界 - 少儿读物 Ⅳ . ①TU9-49

中国国家版本馆CIP数据核字（2023）第018457号

责任编辑：朱思霖

印　　刷：北京盛通印刷股份有限公司

装　　订：北京盛通印刷股份有限公司

出版发行：电子工业出版社

　　　　　北京市海淀区万寿路 173 信箱　邮编：100036

开　　本：889×1194　1/8　印张：5　　　字数：24.3 千字

版　　次：2023 年 3 月第 1 版

印　　次：2023 年 3 月第 1 次印刷

定　　价：68.00 元

凡所购买电子工业出版社图书有缺损问题，请向购买书店调换。若书店售缺，请与本社发行部联系，联系及
邮购电话：（010）88254888，88258888。

质量投诉请发邮件至zlts@phei.com.cn，盗版侵权举报请发邮件至dbqq@phei.com.cn。

本书咨询联系方式：（010）88254161转1806，gaozh@phei.com.cn。

虽然当地居民主要用地下城来躲避极端严寒，但地下城本身已经成为了一处旅游胜地，吸引着世界各地的旅客前来参观。

指示标识

每天有超过50万人穿行于蒙特利尔的地下街道。人们可以在这里悠闲漫步、欣赏展览，通过地图和标识辨别方向。

建筑师和城市规划师设计了广场和其他元素来给这个地下空间增添特色。

居民区

这座城市的居民可以在地下进行各种各样的活动：参加一场弥撒，在商店或酒吧消费娱乐……他们甚至还在这里建造了一座宾馆，让游客们可以体验居住在地下的感觉。

位置： 澳大利亚的沙漠

城市面貌： 从地面上看这座城市，只能看见被沙子围绕着的通风井，这是因为所有的人类活动都在地下进行。

修建目的： 为了使人们避免极端温度的侵扰，比如夏天的酷热和冬天的严寒。

奇妙之处： 人们现在居住的地方曾经是用于采矿的坑道。

超市

墙壁的颜色

库伯佩地的墙壁是粉红色的，但并不是因为参考了某种绘画或建筑的流行趋势粉刷而成的，而是当初开发这座地下城时，石头本身是粉红色的。

防空洞壕

防空洞壕是从地下挖出并改造成房屋的洞穴。这里通常很黑暗，但如果能在这里睡上一觉一定很不错，四周多么宁静啊！

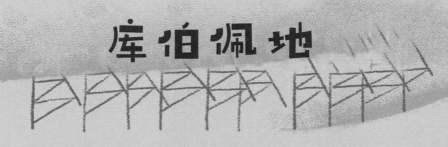

库伯佩地

在第二次世界大战结束后，很多欧洲人来到了澳大利亚。库伯佩地这个名字起源于澳大利亚土著语言"kupa-piti"（意思是"白人的洞穴"）。

蛋白石

如果在防空洞附近挖掘地道时发现了蛋白石，那就不用再考虑怎么装饰房子了，因为蛋白石本身就是最好的装饰。

高线公园： 不是每个大型街区的地上部分都是由混凝土打造的。多亏有高线公园（一处修建在废弃铁路线上的公园），切尔西的居民才能在此观赏植物、享受树荫、呼吸新鲜空气。

布鲁克林桥

这座桥使人们可以乘坐不同的交通工具往返于曼哈顿和布鲁克林。如果是你，你会选择哪种方式出行呢？

废弃车站公园（享有"自然光"的废弃车站公园）

谁说地下没有自然光？"低线"项目试图推翻这种认知。这个项目将建造世界上最大的地下公园，并使其拥有来自地上的光线。

纽约

位置： 美国纽约曼哈顿

城市面貌： 这里拥有我们在电影里看到的闪烁着霓虹灯的摩天大楼，也有同样雄伟壮观的地下建筑。地铁、火车、汽车和渡轮是人们最常使用的交通工具，也是使得城市内部相互贯通的主要因素。

中央车站

如果你去纽约旅行，那么你很有可能就是在这座巨大的车站搭乘火车进入或离开这座城市。

地铁

纽约地铁有超过117年的历史，至今仍运行良好。

抵御侵略的防御工事

在隧道的某些节点，我们可以看到一些圆形巨石，这些石头曾经有过什么作用呢？原来，在侵略频繁的年代，这些巨石可以帮助当地居民封锁入口，阻止敌人入侵。

通风井

除了水井，当地居民还打造了一套通风系统。它设计精巧，让现代的工程师都连连称赞。

地下河

看看吧！这座城市的居民多么智慧：他们建造这座城市时，已经知道了地下有一条贯穿整座城市的河流。入侵者只能通过污染这条地下河来削弱当地居民的实力。

德林库尤

位置： 土耳其卡帕多西亚

地下之景： 这里的地道似乎没有尽头。虽然人们目前只探访到了其中的8层，但向下仍有10层值得探索。

修建目的： 这座城市曾经是抵御敌人的庇护所，所以在内部我们可以看到厨房、井、教堂、住房、马厩……以及为了适应长期生活在地下所需要的一切。

名称起源： 德林库尤的意思是"深井"，由此，我们或许可以知道在这里会发现什么。即便如此，当知道这座地下迷宫曾经可以容纳足足一万人时，我们仍会为此感到震撼！

通往卡伊马克利的隧道

德林库尤似乎有一条可以直通卡伊马克利（卡帕多西亚的另一座地下城市）的隧道，这条隧道是在极度危险的时候作为避难通道使用的。

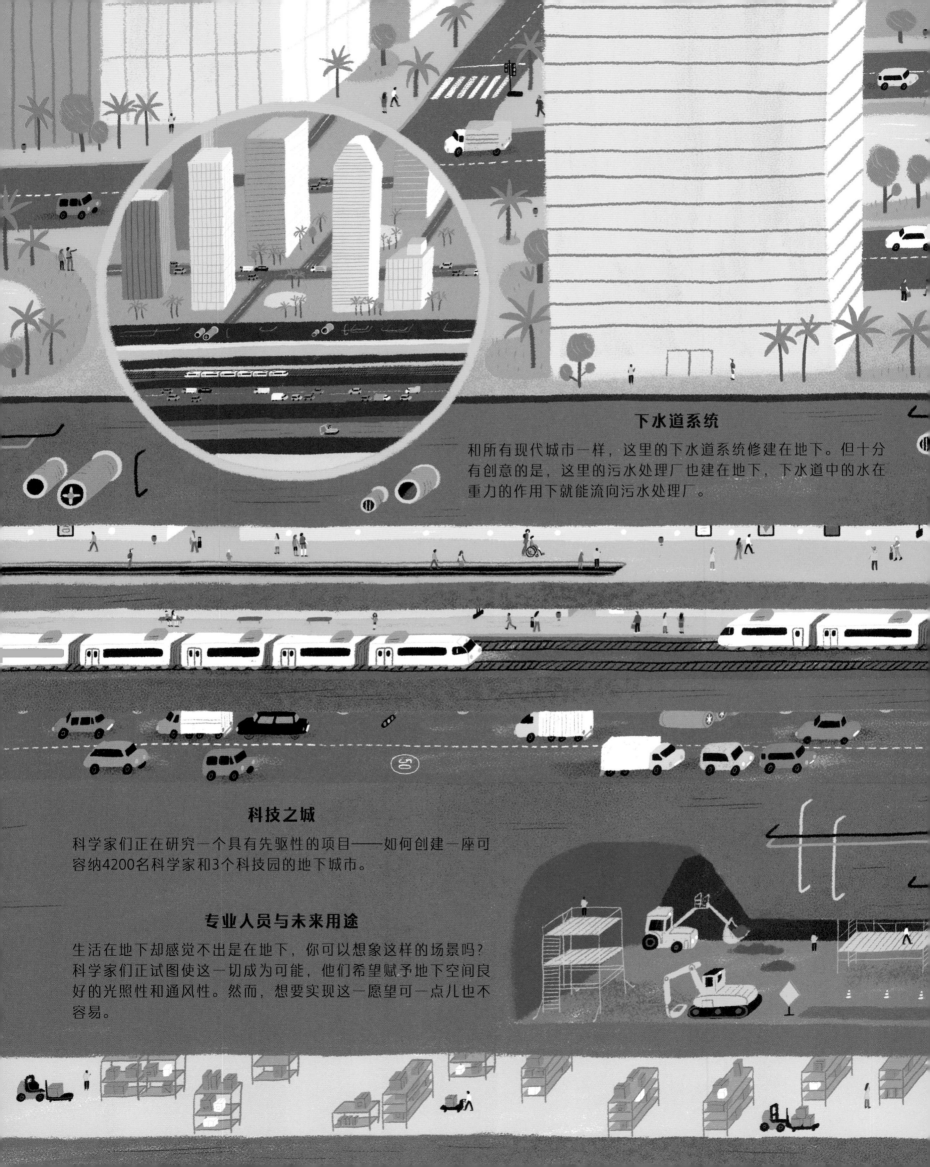

下水道系统

和所有现代城市一样，这里的下水道系统修建在地下。但十分有创意的是，这里的污水处理厂也建在地下，下水道中的水在重力的作用下就能流向污水处理厂。

科技之城

科学家们正在研究一个具有先驱性的项目——如何创建一座可容纳4200名科学家和3个科技园的地下城市。

专业人员与未来用途

生活在地下却感觉不出是在地下，你可以想象这样的场景吗？科学家们正试图使这一切成为可能，他们希望赋予地下空间良好的光照性和通风性。然而，想要实现这一愿望可一点儿也不容易。

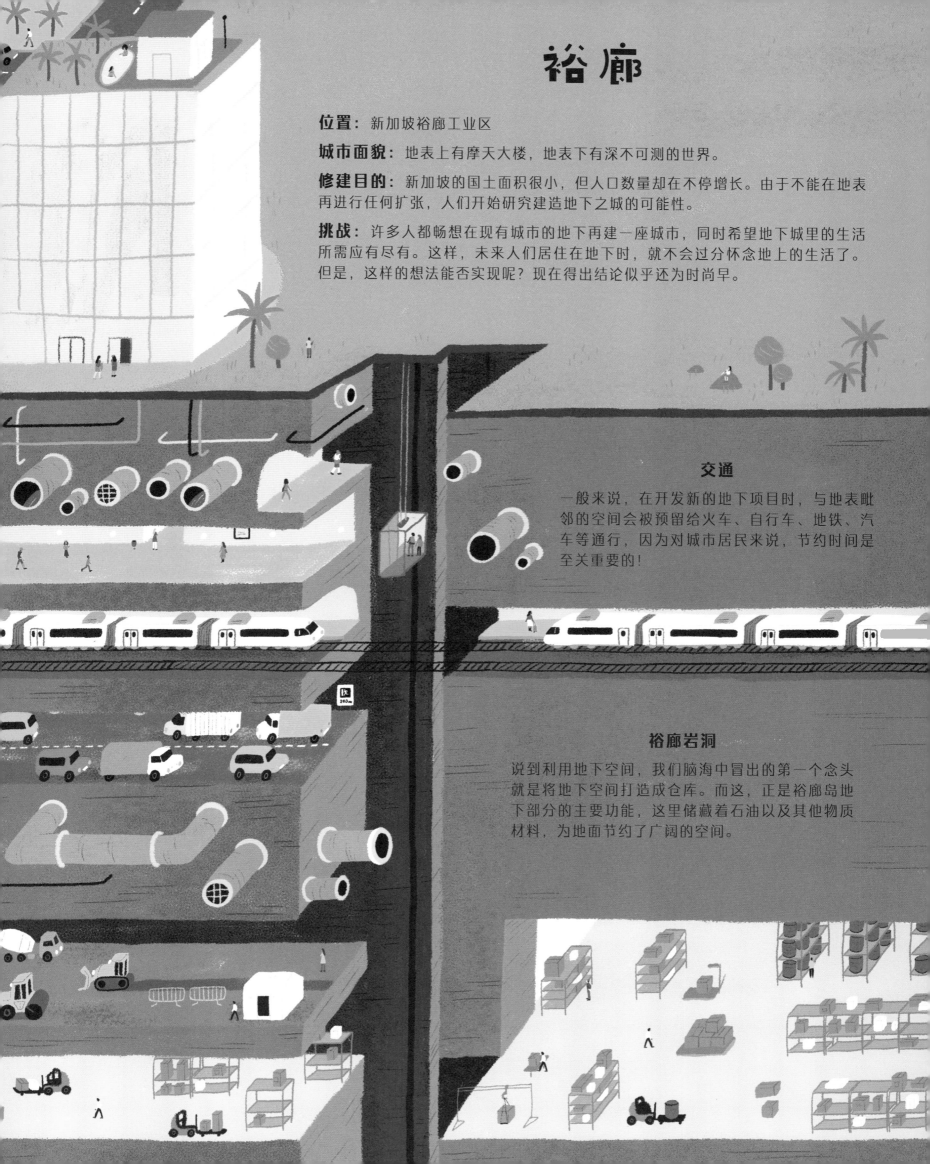

裕廊

位置： 新加坡裕廊工业区

城市面貌： 地表上有摩天大楼，地表下有深不可测的世界。

修建目的： 新加坡的国土面积很小，但人口数量却在不停增长。由于不能在地表再进行任何扩张，人们开始研究建造地下之城的可能性。

挑战： 许多人都畅想在现有城市的地下再建一座城市，同时希望地下城里的生活所需应有尽有。这样，未来人们居住在地下时，就不会过分怀念地上的生活了。但是，这样的想法能否实现呢？现在得出结论似乎还为时尚早。

交通

一般来说，在开发新的地下项目时，与地表毗邻的空间会被预留给火车、自行车、地铁、汽车等通行，因为对城市居民来说，节约时间是至关重要的！

裕廊岩洞

说到利用地下空间，我们脑海中冒出的第一个念头就是将地下空间打造成仓库。而这，正是裕廊岛地下部分的主要功能，这里储藏着石油以及其他物质材料，为地面节约了广阔的空间。

维利奇卡盐矿

位置： 距波兰克拉科夫仅几千米

城市面貌： 地下通道全长共300千米，有3000间厅堂，共9层。但是，并非所有空间都可以参观。几年前，这里设计了一条长达3.5千米的旅游路线，以便人们了解各式各样的地下盐廊、教堂、盐湖等。

修建目的： 盐矿（公元13世纪）。如今，盐矿的开采早已完成，这里成了旅游胜地。

圣金加教堂

这座占地1000平方米、高18米的大教堂是为了纪念盐矿工人的守护神圣金加而建的。教堂的音响条件极佳，可以举办音乐会、弥撒等。

湖面风帆冲浪

2004年，多次获得世锦赛奖牌的马特乌斯·库兹涅雷维奇（Mateusz Kusznierewicz）在维利奇卡旅游路线上最深的湖泊中进行了风帆冲浪。这片湖深度9米，位于海平面以下140米处。

矿区生活再现

在整条旅游路线上，有不同的展览向游客展示矿工们昔日的生活和劳作。

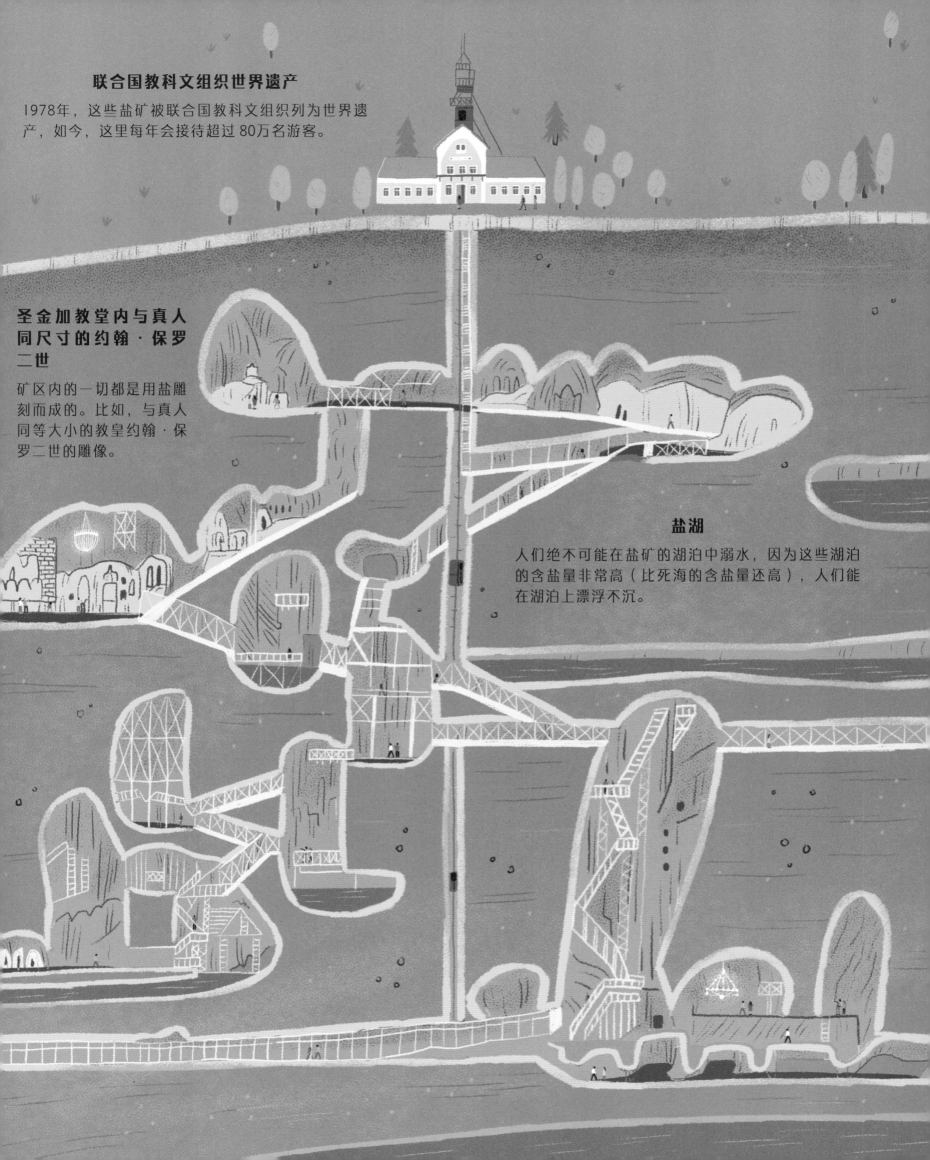

联合国教科文组织世界遗产

1978年，这些盐矿被联合国教科文组织列为世界遗产，如今，这里每年会接待超过80万名游客。

圣金加教堂内与真人同尺寸的约翰·保罗二世

矿区内的一切都是用盐雕刻而成的。比如，与真人同等大小的教皇约翰·保罗二世的雕像。

盐湖

人们绝不可能在盐矿的湖泊中溺水，因为这些湖泊的含盐量非常高（比死海的含盐量还高），人们能在湖泊上漂浮不沉。

沃斯托克

位置： 南极洲

特征： 地表上人迹罕至，地表下拥有世界最大的冰下湖。

奇妙之处： 地表上几乎没有生命，地下水中只有少量活生物体。

发现： 沃斯托克湖于1974年被同名科考站的科学家们发现。

为什么冰面下有液态水呢？

可能有两个原因：

· 虽然温度在-3℃，但冰面的压力阻止了水的固化。

· 地球的地热能加热湖底的岩石，从而起到隔热毯的作用。

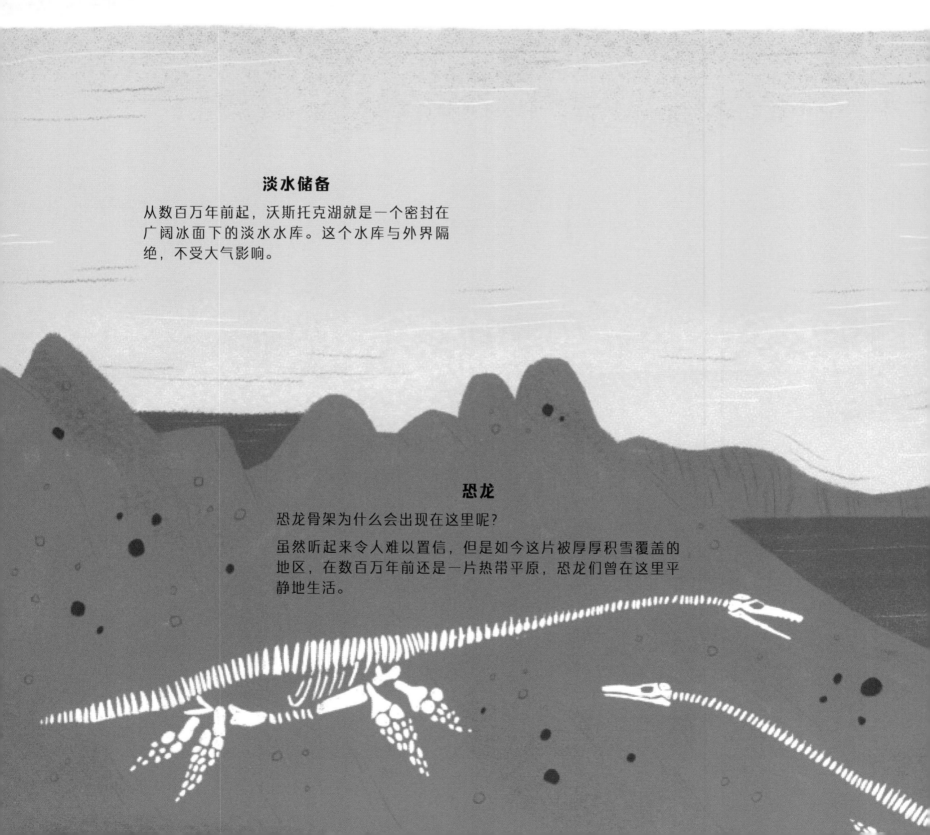

淡水储备

从数百万年前起，沃斯托克湖就是一个密封在广阔冰面下的淡水水库。这个水库与外界隔绝，不受大气影响。

恐龙

恐龙骨架为什么会出现在这里呢？

虽然听起来令人难以置信，但是如今这片被厚厚积雪覆盖的地区，在数百万年前还是一片热带平原，恐龙们曾在这里平静地生活。

室外温度与俄罗斯科考站的工作人员

夏季有25位、冬季有13位科学家和工程师居住在这个俄罗斯科考站内。这里的气温曾在1983年达到了全球最低温度——−89.2℃。

超过400个湖泊

南极洲拥有超过400个冰下淡水湖泊。

方位/深度

沃斯托克湖深430米，位于冰面下4000米（海平面以下500米）处，正好处在与其同名的俄罗斯科考站的下方。

湖中生命

湖中似乎有一些简单生物体存在，如真菌和细菌，它们在缺少阳光、极度严寒的情况下依然能够生存。

制图技术

直升机负责绘制平面图，目的是创建"隐藏之城"的3D图像。直升机利用强大的激光投射光束来探测土壤表层之下的情况。

城市的范围与实力

在研究之初，考古学家认为这里仅仅是由若干房屋组成的小型部落。但后来，他们发现这座城市在公元15世纪到19世纪时曾非常强大，有一万多人居住在这里。

奎嫩

位置： 南非博茨瓦纳奎嫩区

城市面貌： 地表空空如也，我们只能看到非洲草原的典型风貌。

修建目的： 它是一座被遗弃的古老小镇，占地20平方千米，曾有一万多人居住于此。

在缺少其他书面资料的情况下，这一发现填补了南非的历史空白。

如果我们注意观察这些被摧毁的房屋，就可以发现这座城市似乎曾因战争而遭受袭击，最终被遗弃。

新城

被掩埋在废墟之下的城市无法原地重建。于是，人们开始在永盖北部1千米的应急营区复建这座城市。

永盖

位置: 秘鲁永盖

悲剧: 1970年,一场灾难性的地震摧毁了整座城市。这场地震还导致附近的一座山出现了雪崩和塌方,完全掩埋了城市废墟。

公墓

永盖公墓位于一座小山丘上,在那次雪崩中未被掩埋。那天,在公墓进行祭奠的人们也因此幸免于难。墓地本是人们去世后的葬身之地,但在那次灾难中,这里却成为了许多人的避难所,这是相当矛盾的。

被埋葬的城市遗迹

今天,当我们参观永盖时,仍会觉得震撼。钟楼高出地面仅三米,由此,我们便可知道掩埋在地下的房屋及其他建筑物的数量之多。

公共汽车

位于中央车站旁的公交车站强化了新宿站作为城市主要交通枢纽之一的概念。

手机地图

对这里不熟悉的旅客经常会迷路。为此，日本铁路公司特别开发了一款类似谷歌地图的应用程序，为人们指示方位并提供合适的线路。

新宿区

位置： 日本东京都新宿区

城市面貌： 令人印象深刻的摩天大楼以及创造世界纪录的地下站台。

修建目的： 公共交通枢纽以及极具潜力的商业区域。

纪录： 新宿站因每天超过360万人次的客流量被载入吉尼斯世界纪录，成为世界上最繁忙的车站。

名称起源： 日本的地下城市被称为chikagai（地下街）。

铁路/地铁

全线联通！新宿站有10个站台，服务于20条轨道线路和12条火车线路。

新宿站内交通

新宿站本身是一个大型站台。此外，在它的内部还设有多个子站台，如西新宿站、新宿御苑前站、新宿三丁目站、新宿西州口站……这充分体现了新宿站的繁忙。

吉萨金字塔群

位置：埃及吉萨

特征：位于尼罗河西岸的吉萨区拥有三座宏伟的金字塔以及与该区同名的狮身人面像。

重要性：吉萨大金字塔（胡夫金字塔）距今已有4000多年的历史，但它并没有因年代久远而不再重要。相反，它是吉萨金字塔群中的主要建筑。

奇妙之处：确切来说，吉萨并不是一座城市，而是一组建筑群落。更令人惊讶的是，这些建筑均拥有地下室。

陵墓群

除了吉萨大金字塔，我们还可以参观另外两座金字塔、一些小的寺庙，以及当我们提到埃及金字塔时就会想到的雕像——狮身人面像。

葬礼船

埃及人相信来世。他们去世后会被安葬在一艘象征着冥界之旅的船旁边。

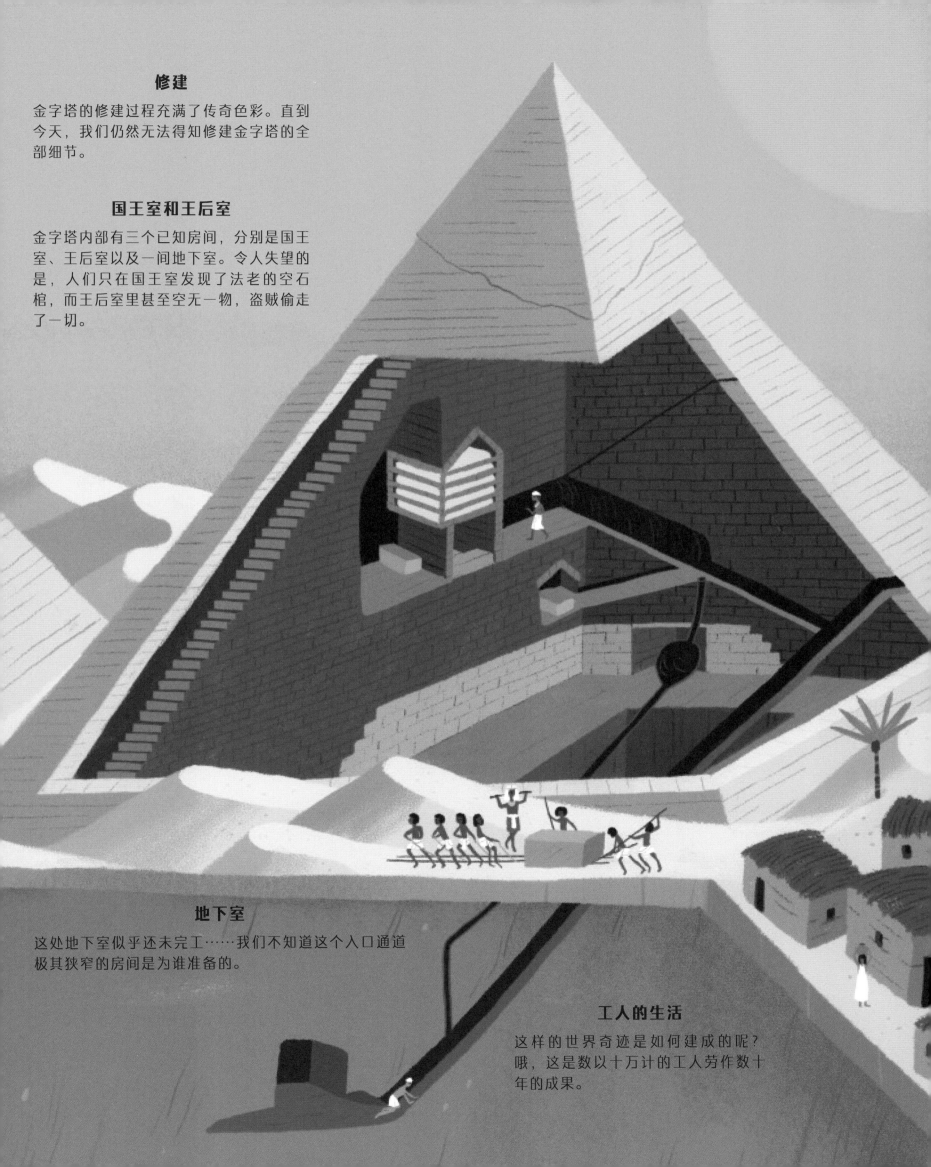

修建

金字塔的修建过程充满了传奇色彩。直到今天，我们仍然无法得知修建金字塔的全部细节。

国王室和王后室

金字塔内部有三个已知房间，分别是国王室、王后室以及一间地下室。令人失望的是，人们只在国王室发现了法老的空石棺，而王后室里甚至空无一物，盗贼偷走了一切。

地下室

这处地下室似乎还未完工……我们不知道这个入口通道极其狭窄的房间是为谁准备的。

工人的生活

这样的世界奇迹是如何建成的呢？哦，这是数以十万计的工人劳作数十年的成果。

利菲河

利菲河流经都柏林市中心，把城市分为南北两岸。

潟湖

看见这个椭圆形的湖了吗？曾经，维京人的船就停泊在这里。

水道、河流、小溪……

尽管脚下有六十多条河流，我们却无法看到它们，因为市政规划将它们都隐藏了起来。

都柏林

位置： 爱尔兰都柏林

城市面貌： 城市面积不大，游客步行或乘坐公共交通就可以轻松游览整座城市。

修建目的： 维京人建造的城市。

名称起源： 都柏林这个名字源于爱尔兰语"Dubh Linn"，意为"黑色的湖泊"。

对比： 这是一个地上忙忙碌碌，但地下缺乏生机的城市。

THE TEMPLE BAR

BAR

空荡的地下

土壤的成分，河流渡槽的渗漏，使得修筑地下空间变得困难重重。这里没有地铁、地下停车场或其他地下空间。有轨电车、公共汽车和火车都在地上行驶。

地铁建设研究

建设者们正在研究如何修建该市的第一条地铁，但有人却对此表示怀疑，因为都柏林地下土壤的成分不利于挖掘工作的开展。未来的都柏林会有地铁吗？

地下旅游

好奇的旅客来到这座城市，一定会去探索它神秘的内部区域。

地下墓穴

六百多万巴黎人的尸骨堆放在此。

水库

这绿松石色的湖水让人忍不住想在此游泳，这个美丽的湖泊为五分之一巴黎人口提供了饮用水。

巴黎地下墓穴

位置： 法国巴黎

城市面貌： 巴黎是一座因各种地面标志性建筑闻名的城市，如埃菲尔铁塔、巴黎圣母院、蒙马特山等。

有哪些地方还没被注意到呢？ 巴黎的地下世界同样值得人们关注：令人震惊的地下水库、拥有百年历史的下水道系统、布置良好的骨龛存放处、废弃的防空洞以及广阔的交通网络。

地基

很难想象，这座城市最古老的一些建筑竟是以四五块巨石为地基搭建而成的。为了使这些庞然大物不发生位移，技术人员必须时刻对它们进行监测。

冰虫

格陵兰岛雪下通道

修建目的： 导弹基地。

所谓的"冰虫"计划曾试图将核导弹储存在格陵兰冰层下进行发射，但这个计划失败了。

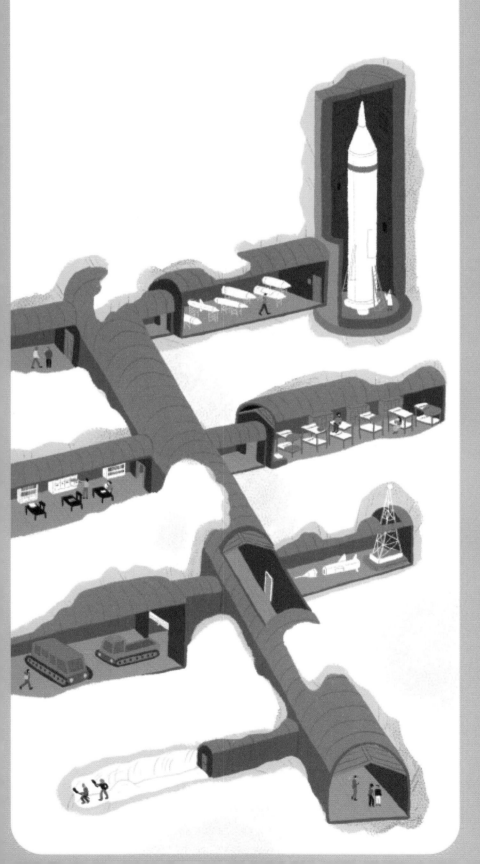

英吉利海峡隧道

法国和英国之间的海底隧道

修建目的： 交通需求。

英吉利海峡隧道是世界第二长的海底隧道，该隧道修建于1994年，全长50.5千米，其中水下部分长39千米。

辅助隧道

"土耳其溪"天然气管道

两大洲之间的海底隧道

修建目的： 天然气运输。

这项工程覆盖范围庞大，具有极其重要的战略意义。

巴塞罗那

位置： 西班牙巴塞罗那

城市面貌： 地面上的建筑高耸，整座城市被海洋和山脉围绕，具有浓厚的历史底蕴。地下，避难所、古代遗迹、交通工具等处处可见。

巴西诺

你想参观古罗马时期的温泉、酒窖，体验一下古罗马人的生活吗？请来巴西诺古城吧！

莱埃塔那大街建筑物的迁移

20世纪初，为了建造莱埃塔那大街，这里的许多建筑被迁移到了其他地方。

防空洞

防空警报一拉响，所有人都涌向防空洞内避难。有的人从街上进入，如钻石广场上的防空洞入口；还有的人比较幸运，可以直接从家里的私人入口进入防空洞，如米拉之家。

地铁

如果你有机会游览巴塞罗那，可以试试搭乘地铁出行。乘车途中请睁大眼睛，因为你会看到一些幽灵站台，比如高迪站，虽然早已建好，但从未正式启用过。

GAUDÍ